Sitzungsberichte
der Heidelberger Akademie der Wissenschaften
Stiftung Heinrich Lanz
Mathematisch-naturwissenschaftliche Klasse
Abteilung A.
Jahrgang 1924. 2. Abhandlung.

Umkehrung des Variationsproblems der ebenen Affingeometrie.

Von
Heinrich Liebmann
in Heidelberg.

Eingegangen am 10. Januar 1924.

Berlin und Leipzig 1924
Walter de Gruyter & Co.
vormals G. J. Göschen'sche Verlagshandlung / J. Guttentag, Verlagsbuchhandlung / Georg Reimer / Karl J. Trübner / Veit & Comp.

Umkehrung des Variationsproblems der ebenen Affingeometrie.

1. Die Extremalen des affin-invarianten Variationsproblems

$$\delta\int\left(\frac{d^2y}{dx^2}\right)^{\frac{1}{3}}dx = \delta\int(x'y''-y'x'')^{\frac{1}{3}}dt = 0$$

sind bekanntlich die Parabeln. Nimmt man für t die „Affinlänge“, das heißt also: nimmt man

$$x'y''-y'x''=1,$$

so erhält man die Darstellung

$$\begin{aligned} x &= x_0 + a_1\,\Delta t + \frac{a_2}{2}\Delta t^2, \\ y &= y_0 + b_1\,\Delta t + \frac{b_2}{2}\Delta t^2. \end{aligned} \qquad (a_1b_2 - b_1a_2 = 1)$$

Sind x_0, y_0, a_1, b_1 gegeben, so sind damit alle von dem Krümmungselement

$$x = x_0,\; y = y_0,\; \left(\frac{dy}{dx}\right)_0 = \frac{b_1}{a_1},\; \left(\frac{d^2y}{dx^2}\right)_0 = \frac{1}{a_1^3}$$

ausgehenden Parabeln dargestellt, und die Elimination von Δt ergibt

$$(y-y_0)\,a_1 - (x-x_0)\,b_1 = \frac{\Delta t^2}{2}(a_1b_2 - b_1a_2) = \frac{\Delta t^2}{2}.$$

Man sieht, daß der Ort der Endpunkte gleicher „Affinstrecken“ Δt auf den von einem Krümmungselement ausgehenden Extremalen eine Gerade ist.

Diese Beziehung bleibt bei Kollineation selbstverständlich erhalten. Um auf diese Tatsache näher einzugehen, transformieren wir zunächst das Integral

$$\int(\bar{x}'\bar{y}'' - \bar{y}'\bar{x}'')^{\frac{1}{3}}\,dt$$

vermöge

$$\bar{x} : \bar{y} : 1 = (a_{11}x + a_{12}y + a_{13}) : (a_{21}x + a_{22}y + a_{23}) : (a_{31}x + a_{32}y + a_{33})$$

und erhalten:

$$\begin{vmatrix} a_{11} & a_{12} & a_{13} \\ a_{21} & a_{22} & a_{23} \\ a_{31} & a_{32} & a_{33} \end{vmatrix}^{\frac{1}{3}} \cdot \int \frac{(x'y''-y'x'')^{\frac{1}{3}}}{a_{31}x+a_{32}y+a_{33}}\, dt.$$

Die Extremalen werden dann die Kegelschnitte, die die Gerade

$$a_{31}x+a_{32}y+a_{33}=0$$

berühren. Von jedem Krümmungselement P gehen ∞^1 der ∞^4 Extremalen aus, und der Ort der Punkte Q auf diesen Extremalen, für die

$$\int_P^Q \frac{(x'y''-y'x'')^{\frac{1}{3}}}{a_{31}x+a_{32}y+a_{33}}\, dt$$

einen festen Wert hat, ist wieder eine Gerade.

Kehren wir (unter Verwendung von Fußmarken für die Differentiation) zur nicht homogenen Schreibweise zurück, so lautet das Ergebnis:

„Die Extremalen des Variationsproblems

$$\delta \int y_2^{\frac{1}{3}}\,(ax+by+c)^{-1}\, dx = 0$$

sind die ∞^4 die Gerade

$$ax+by+c=0$$

berührenden Kegelschnitte. Der Ort der Endpunkte Q aller von einem Krümmungselement P ausgehenden Extremalbögen gleicher reduzierter Länge

$$\Delta t = \int_P^Q y_2^{\frac{1}{3}}\,(ax+by+c)^{-1}\, dx$$

ist eine Gerade."

Die auf diese Weise einem Krümmungselement zugeordneten Geraden gehen durch den Schnittpunkt seiner Tangente mit der gemeinsamen Tangente der Kegelschnitte.

2. Die festgestellte Tatsache legt folgende Fragestellung nahe:

Wie muß die Funktion $f(x, y, y_1, y_2)$ gewählt werden, damit der Ort der auf den von einem Krümmungselement ausgehenden Extremalen gelegenen Punkte Q, für die die „reduzierte Länge"

$$\Delta t = \int_P^Q f(x, y, y_1, y_2)\, dx$$

einen festen Wert hat, stets eine Gerade wird?

Die Frage ist zu lösen durch Verwendung der Forderung

$$\Delta y = \varphi(x, y, y_1, y_2, \Delta t)\ \Delta x + \psi(x, y, y_1, y_2, \Delta t),$$

die eben zum Ausdruck bringt, daß die Komponenten Δx, Δy der (geraden) Strecke PQ eine lineare, vom Ausgangselement (x, y, y_1, y_2) und der reduzierten Länge der Extremalenbögen (PQ) abhängige Beziehung zu erfüllen haben. Für φ und ψ gelten die Ansätze

$$\varphi = y_1 + a\Delta t^2 + a_1\Delta t^4 + \ldots$$
$$\psi = \beta\Delta t^2 + \gamma\Delta t^4 + \ldots$$

Für Δy ist die Reihenentwickelung einzusetzen

$$\Delta y = y_1\Delta x + \frac{y_2}{2}\Delta x^2 + \frac{y_3}{3!}\Delta x^3 + \ldots$$

und für Δt die Reihe

$$\Delta t = \int f\Delta x = \Delta x\left(f + \frac{f'}{2}\Delta x + \frac{f''}{3!}\Delta x^2 \ldots\right).$$

Die Differentialquotienten $y_4, y_5 \ldots$ sind dann vermöge der Eulerschen Gleichung

$$f_y - \frac{d}{dx}(f_{y1}) + \frac{d^2}{dx^2}(f_{y2}) = 0$$

und ihrer Ableitungen zu eliminieren, und die durch Koeffizientenvergleichung gewonnenen Beziehungen dürfen y_3 nicht mehr enthalten.

Es wird sich zeigen, daß

$$f = y_2^{\frac{1}{3}}(ax + by + c)^{-1}$$

die einzige Funktion ist, die vorgeschriebene Forderung erfüllt.

Wir werden zuerst nachweisen, daß f die Form haben muß

$$f(x, y, y_1, y_2) = y_2^{\frac{1}{3}} F(x, y, y_1),$$

sodann erkennen, daß F von y_1 frei sein muß

$$F_{y1} = 0,$$

endlich die Gestalt von F

$$F = g^{-1} \quad (g \text{ linear in } x \text{ und } y)$$

erhalten.

3. Man hat gemäß der angestellten Überlegung die Koeffizientenvergleichung in

$$\frac{y_2}{2}\Delta x^2 + \frac{y_3}{3!}\Delta x^3 + \ldots$$
$$= \Delta x(a\Delta t^2 + a_1\Delta t^4 + \ldots) + \beta\Delta t^2 + \gamma\Delta t^4 + \ldots$$

vorzunehmen und erhält

$$\frac{y_2}{2}=\beta f^2,\ \frac{y_3}{3!}=\alpha f^2+\beta f\,(f_x+y_1 f_y+y_2 f_{y_1}+y_3 f_{y_2})$$

also

$$\beta=\frac{y_2}{2}f^{-2}$$

$$\frac{1}{6}=\beta f f_{y_2}$$

oder

$$\frac{f_{y_2}}{f}=\frac{1}{3y_2}$$

und daher

$$f=y_2^{\frac{1}{3}}\,F(x,y,y_1).$$

Hieraus folgt für f und seine Differentialquotienten, die wir bis zur dritten Ordnung brauchen:

$$f=y_2^{\frac{1}{3}}\,F(x,y,y_1),$$

$$f'=\frac{1}{3}y_3^{-\frac{2}{3}}y_3\,F+y_2^{\frac{1}{3}}\,F',$$

$$f''=\frac{1}{3}y_2^{-\frac{2}{3}}y_4\,F-\frac{2}{9}y_2^{-\frac{5}{3}}y_3^2\,F+\frac{2}{3}y_2^{-\frac{2}{3}}y_3\,F'+y_2^{\frac{1}{3}}\,F'',$$

$$f'''=\frac{1}{3}y_2^{-\frac{2}{3}}y_5\,F-\frac{2}{3}y_2^{-\frac{5}{3}}y_3\,y_4\,F+y_2^{-\frac{2}{3}}y_4\,F'$$
$$+\frac{10}{27}y_2^{-\frac{8}{3}}y_3^3\,F-\frac{2}{3}y_2^{-\frac{5}{3}}y_3^2\,F'+y_2^{-\frac{2}{3}}y_3\,F''+y_2^{\frac{1}{3}}\,F'''.$$

Sodann ist im Gleichsetzen der Koeffizienten fortzufahren gemäß dem Ansatz

$$\frac{y_2}{2}=\beta f^2=\beta y_2^{\frac{2}{3}}\,F^2,$$

$$\left(\text{daher } \beta=\frac{y_2^{\frac{1}{3}}}{2}\,F^{-2}\right),$$

$$\frac{y_3}{3!}=\alpha f^2+\beta f f'=\alpha y_2^{\frac{2}{3}}\,F^2+\frac{y_2^{\frac{2}{3}}}{2}\,F^{-1}\left(\frac{1}{3}y_2^{-\frac{2}{3}}y_3\,F+y_2^{\frac{1}{3}}\,F'\right)$$

$$\left(\text{daher } \alpha=-\frac{1}{2}y_2^{\frac{1}{3}}\,F^{-3}\,F'\right),$$

$$\frac{y_4}{24}=\alpha f f'+\beta\left(\frac{f'^2}{4}+\frac{f f''}{3}\right)+\gamma f^4,$$

$$\frac{y_5}{120}=\alpha\left(\frac{f'^2}{4}+\frac{f f''}{3}\right)+\beta\left(\frac{f' f''}{6}+\frac{f f'''}{12}\right)+2\gamma f^3 f'.$$

Setzt man in der vorletzten Formel die oben berechneten Ausdrücke ein, so folgt

$$y_4 = \frac{5}{3} y_2^{-1} y_3^2 - 2 y_3 F^{-1} F' + 27 y_2 F^{-2} (F')^2$$
$$- 12 y_2 F^{-1} F'' - 72 \gamma y_2^{\frac{4}{3}} F^4.$$

Die Eulersche Gleichung aber gibt

$$y_4 = \frac{5}{3} y_2^{-1} y_3^2 - 2 y_3 F^{-1} F' + \frac{3}{2} y_2 F^{-1} F'' + \frac{9}{2} y_2^2 F^{-1} Fy$$
$$- \frac{9}{2} y_2^{\frac{5}{3}} F^{-1} \frac{d}{dx} \left(y_2^{\frac{1}{3}} F_{y1} \right)$$

und diese Werte können nur dann einander gleich sein, wenn F von y_1 frei ist, also

$$Fy_1 = 0.$$

Bei der weiteren Rechnung genügt es, die Koeffizienten irgendeiner Potenz von y_3 heranzuziehen, z. B. der ersten; es handelt sich ja doch nur darum, das Ergebnis

$$f = y_2^{\frac{1}{3}} (a x + b y + c)^{-1}$$

aus notwendigen Bedingungen zu erhalten. Daß diese Form dann hinreichend ist, um die in Nr. 2 verlangte Forderung zu erfüllen, wissen wir schon aus Nr. 1.

Durch diese Überlegung sind die an sich umfangreichen Rechnungen wesentlich zu vereinfachen.

Man erhält aus der Koeffizientenvergleichung

$$y_5 = \ldots + 15 y_3 (- F^{-2} (F')^2 + F^{-1} F'' + y_2 F^{-1} F_y) + \ldots$$

und aus der Eulerschen Gleichung

$$y_5 = \ldots + 3 y_3 \left(\frac{3}{2} F^{-1} F'' + \frac{17}{2} y_2 F^{-1} Fy + 2 F^2 (F')^2 \right) + \ldots$$

und durch Kombination die Forderung

$$F^{-1} F'' - y_2 F^{-1} F_y - 2 F^2 (F')^2 = 0.$$

Ersetzt man F durch g^{-1}, so folgt

$$2 g^{-2} (g')^2 - g^{-1} g'' + y_2 g^{-1} g_y - 2 g^{-2} (g')^2 = 0.$$

Es wird also gefordert, daß die nur von x und y abhängige Funktion g die Bedingung

$$g'' - y_2 g_y = g_{xx} + 2 y_1 g_{xy} + y_1^2 g_{yy} + y_2 g_y - y_2 g_y = 0$$

erfüllt, d. h. es muß sein

$$g_{xx} = 0, \; g_{xy} = 0, \; g_{yy} = 0$$

oder

$$f = y_2^{\frac{1}{3}} F = y_2^{\frac{1}{3}} g^{-1} = \frac{y_2^{\frac{1}{3}}}{ax + by + c}.$$

Hiermit ist das angekündigte Ergebnis festgestellt; das affine Extremalenproblem (nebst der projektiven Verallgemeinerung) ergibt sich als einzige Lösung der aufgeworfenen Frage.

4. Im Raum entspricht dem in Nr. 1 zum Ausgangspunkt gewählten Satz der folgende:

„Die Extremalen des Variationsproblems

$$\delta(\Delta t) = \delta \int_P^Q \frac{(y_2 z_3 - z_2 y_3)^{\frac{1}{6}}}{(a_1 x + a_2 y + a_3 y + a_4)^{\frac{2}{3}}} dx = 0$$

sind die Raumkurven dritter Ordnung, die die Ebene

$$E(x_1 y) \equiv a_1 x + a_2 y + a_3 z + a_4 = 0$$

zur Schmiegungsebene haben. Von einem Element $(x, y, z, y_1, z_1, y_2, z_2, y_3, z_3)$ gehen ∞^2 Extremalen aus. Trägt man auf ihnen gleiche reduzierte Längen Δt ab, so ist der Ort der Endpunkte eine Ebene, und die einem Element auf diese Weise zugeordneten Ebenen gehen durch die Schnittgerade der Ebene $E = 0$ mit der Schmiegungsebene des Ausgangselementes."

Ob dieser Satz eine Umkehrung verträgt, kann wohl nur durch umfangreiche Rechnung entschieden werden.

Sitzungsberichte

der

Heidelberger Akademie der Wissenschaften

Stiftung Heinrich Lanz

Mathematisch-naturwissenschaftliche Klasse.

* *Im Verlag von Carl Winters Universitätsbuchhandlung in Heidelberg erschienen:*

Abteilung A. Mathematisch-physikalische Wissenschaften.

Jahrgang 1921.

1. FRANZEN, H. Über die chem. Bestandteile grüner Pflanzen. 12. Mitteilung: Über die flüchtigen Bestandteile der Eichenblätter.
2. KÖNIGSBERGER, L. Über partielle Differentialgleichungen erster Ordnung.
3. HEFFTER, L., und W. STOLLENWERK. Über Scharen gleichberechtigter Koordinatensysteme. Mit 3 Textabbildungen.
4. PERRON, OSKAR. Über die Approximation irrationaler Zahlen durch rationale. I.
5. LIEBMANN, HEINRICH. Der geometrische Aufbau der Bäcklundschen Transformation.
6. EISENHUT, O. Über Kathodenstrahlintensitätsmessung durch feste Kondensatoren.
7. KÖNIGSBERGER, LEO. Über vollständige Integrale partieller Differentialgleichungen erster Ordnung.
8. PERRON, OSKAR. Über die Approximation irrationaler Zahlen durch rationale. II.
9. LIEBMANN, HEINRICH. Flächen mit einer vorgeschriebenen Schar geodätischer Parallelkurven.
10. BALDUS, RICHARD. Über die Flächen, welche die Strahlen eines Bündels unter festem Winkel schneiden.
11. KÖNIGSBERGER, LEO. Die Erweiterung des Helmholtzschen Princips von der verborgenen Bewegung und den unvollständigen Problemen auf kinetische Potentiale beliebiger Ordnung.

Abteilung B. Biologische Wissenschaften.

Jahrgang 1921.

1. KOSSEL, A. Über die Beziehungen der Biochemie zu den morphologischen Wissenschaften.

PREISE WERDEN AUF ANFRAGE MITGETEILT

---

* Bestellungen auf solche Veröffentlichungen der math.-naturw. Klasse, welche früher im Verlag von Carl Winters Universitätsbuchhandlung in Heidelberg erschienen sind, nimmt auch der Verlag Walter de Gruyter & Co., Berlin, entgegen.

Im Verlag von Walter de Gruyter & Co. vormals G. J. Göschen'sche Verlagshandlung — J. Guttentag, Verlagsbuchhandlung — Georg Reimer — Karl J. Trübner — Veit & Comp., Berlin erschienen

Abteilung A. Mathematisch-physikalische Wissenschaften.

Jahrgang 1922.

1. PERRON, OSKAR. Neue Summationsmethoden und Entwicklungen nach Polynomen. Goldmark 0·3
2. PERRON, OSKAR. Über transzendente Funktionen auf RIEMANNschen Flächen. Goldmark 0·6
3. BALDUS, RICHARD. Über die singulären Punkte reeller Parameterkurven. Goldmark 0·5

Jahrgang 1923.

1. DEECKE, W. Mitteleuropäische Meeresströmungen der Vorzeit. Goldmark 0·6
2. LIEBMANN, HEINRICH. Die LIE'sche Cyklide und die Inversionskrümmung. Goldmark 0·4
3. PERRON, OSKAR. Über Gleichungen ohne Affekt. Goldmark 0·4
4. LIEBMANN, HEINRICH. Beiträge zur Inversionsgeometrie III. Goldmark 0·4
5. KRATZERT, J. Beitrag zur Kenntnis des Andesins von Bodenmais. Goldmark 0·5

Jahrgang 1924.

1. TH. CURTIUS und A. BERTHO. Einwirkung von Stickstoffkohlenoxyd und von Stickwasserstoffsäure unter Druck auf aromatische Kohlenwasserstoffe. Goldmark 0·5
2. LIEBMANN, HEINRICH. Umkehrung des Variationsproblems der ebenen Affingeometrie. Goldmark 0·6

Abteilung B. Biologische Wissenschaften.

Jahrgang 1923.

1. KOSSEL, A. und R. E. GROSS. Über die Darstellung und quantitative Bestimmung des Arginins. Goldmark 0·3

Druck Hermann Böhlaus Nachfolger, Hof-Buchdruckerei in Weimar.

MIX
Papier | Fördert gute Waldnutzung
FSC® C083411

Zeitfracht Medien GmbH
Ferdinand-Jühlke-Straße 7
99095 Erfurt, Deutschland
produktsicherheit@kolibri360.de